AF296118

GUIDE

DU LABOUREUR.

OUVRAGE

Consacré à l'instruction des habitans des campagnes,
dans lequel on indique les moyens les plus
certains de rendre les terres fertiles, la culture
convenable à chaque espèce de terrain, et quelques nouveaux procédés d'économie rurale.

A RAMBOUILLET,

CHEZ E. CHAIGNET, IMPRIMEUR-LIBRAIRE,
RUE D'ANGIVILLER, HÔTEL MONSIEUR.

1827.

IMPRIMERIE DE E. CHAIGNET,
à Rambouillet.

DISCOURS PRÉLIMINAIRE.

Pour être cultivateur, il ne suffit pas d'être instruit, il faut avoir travaillé la terre, l'avoir étudiée long-temps, apprécié ses diverses qualités, et savoir approprier à chacune d'elles les végétaux qui leur conviennent ; autrement on ressemblerait à ces économistes qui traitent de la matière en savants, qui font imprimer de gros livres pour enseigner les travaux de la campagne, livres que les cultivateurs ne peuvent acheter, étant tous d'un prix trop élevé, et qu'ils ne peuvent lire d'ailleurs, faute de temps ; à ces économistes, dis-je, qui placés eux-mêmes à la tête d'une exploitation rurale, seraient plus embarrassés que le plus simple de nos paysans, qui, sans aucune instruction et n'ayant eu d'autres maîtres que la pratique et l'expérience, ont appris à bien *fumer*, à bien *labourer*, et à reconnaître la culture convenable à chaque espèce de terrain, principes desquels dépend toute fertilisation.

Pour être utile aux hommes qui se consacrent aux travaux pénibles de la terre, je publie ce petit ouvrage, dans lequel j'écris le plus clairement qu'il m'est possible ce que j'ai appris et reconnu de meilleur, de plus salutaire pour l'amélioration de la culture. N'ayant d'autre intérêt en le publiant que de les mettre à même d'en profiter et de doubler leur revenu en tirant tout le parti possible de leurs travaux, si j'ai le bonheur de contribuer ainsi à améliorer l'existence de quelques-uns, ma tâche sera remplie.

GUIDE

DU LABOUREUR.

PREMIÈRE PARTIE.

DE L'AMÉLIORATION DES TERRES.

Par amélioration des terres, on entend rendre fertile une terre stérile, rendre bonne celle qui est médiocre, et doubler le produit de celle qui est fertile. Ces heureux résultats dépendent de trois principes généraux, qui sont : *engraisser, ameublir,* et *donner* à chaque nature de terrain *la culture qui lui convient.*

On *engraisse* une terre, en lui donnant par les fumiers dont on la couvre, les sels nourrissans qui favorisent la végétation des plantes que l'on veut cultiver.

On *ameublit* une terre en la divisant au moyen des labours, en la rendant meuble, mouvante ; un sol qui est remué de la sorte, permet aux racines des plantes de s'étendre ; à la rosée, à la pluie et aux rayons du soleil, de les féconder de leur influence, en pénétrant avec plus de facilité jusqu'à elles.

On donne à chaque espèce de terre la culture qui lui convient, en appropriant à sa nature, à sa qualité, à son climat, les plantes qui peuvent y réussir.

Dans une terre sèche et maigre, le froment ne pourrait prospérer ; dans une terre trop mouillée ou humide, la luzerne ne pourrait réussir ; les plantes, les fruits cultivés dans le midi avec le plus grand succès, ne sauraient l'être dans le nord, pas plus que ceux du nord ne pourraient l'être dans le midi.

Un cultivateur bien entendu doit savoir diriger ses assolemens, ou, plus clairement, alterner ses cultures, afin de les rendre plus profitables : il doit être désabusé de cet ancien préjugé qui forçait nos pauvres laboureurs à laisser incultes ou en jachères pendant une année le tiers des terres qu'ils possèdent, sous le prétexte de leur donner un repos nécessaire. Non, la terre ne demande pas de repos ; elle ne veut au contraire que se couvrir de richesses ; mais comme de certaines plantes épuisent davantage les unes que les autres sa fécondité, il faut avoir le soin, après la culture d'une plante épuisante, en faire succéder une l'année suivante qui l'est beaucoup moins : voilà le seul repos qu'elle demande et qui lui soit véritablement nécessaire ; voilà les soins que doit avoir un cultivateur, et il sera récompensé de ses travaux, de son activité.

Ainsi, à une récolte de froment, par exemple, vous ne ferez succéder ni seigle, ni orge, ni avoine, comme ont coutume de faire tous ceux qui cultivent mal ; ils ruinent ainsi leur terre : vous alternerez vos semences de manière à ce que le genre, et l'espèce soient tout-à-fait changés ; après une plante à racine traçante, ou qui prend sa subsistance avec avidité sur la superficie du terrain, comme le froment, le seigle, l'avoine, l'orge, le maïs, etc., espèce que l'on désigne sous le nom de graminées, vous en sèmerez une pivotante, ou à un seul jet qui s'enfonce avant dans la terre, et semble par ses feuilles larges et sa tige rampante se nourrir autant de l'air que de la terre; elle est connue sous le nom de légumineuses; le choix que vous devez faire de cette dernière dépend du climat, de la qualité du terrain, et de vos besoins journaliers.

On peut cultiver entre deux blés le chanvre, le lin, le colzat, l'œillet, la navette, les choux, les carottes, les betteraves; je conseille même la vesce, les pois gris, les lupins, etc.; la vesce, fauchée en fleurs, donne un fourrage excellent.

Pour rendre plus sensible la culture alternative, je vais donner la marche que j'ai adoptée jusqu'à ce jour, et qui m'a bien réussi.

Je suppose une pièce de bonne terre à froment, cultivée pendant cinq années, sans interruption ni repos.

1er *Année.* Fumier et labours pour y planter pommes-de-terre, haricots, betteraves; ces plantes nécessiteront des binages, lesquels serviront à nettoyer et à préparer le terrain à recevoir, après les récoltes, et sur un seul labour, du froment. Les binages, dans une grande exploitation, pouvant être trop coûteux, je conseille d'y subvenir en semant des pois gris, vesces, lupins, etc.

2e *Année.* Récolte de froment. Le temps étant favorable, on pourra donner immédiatement après un léger labour, et semer de gros navets que l'on récoltera en octobre. Au printemps suivant, après un bon labour, vous pourrez semer vesce d'été ou autres légumineuses.

3e *Année.* Récolte de vesce d'été fauchée en fleurs, pour fourrage, ou récoltes d'autres légumineuses.

4e *Année.* Récolte d'orge ou avoine semées en mars ; en faisant ces semailles on sèmera de la graine de tréfle.

5e *Année.* Deux récoltes de trèfle, soit pour fourrage vert, soit pour fourrage sec. Vous donnerez, après la seconde coupe, un léger labour, puis un meilleur à la fin de septembre pour y semer du froment ; après la récolte de ce dernier, vous devrez recommencer les fumiers et les labours, ét varier toujours les productions.

Pour les terres sablonneuses, maigres, graveleuses et arides, ayant conséquemment peu de vigueur, on pourrait croire que le repos leur est plus nécessaire qu'à aucune autre. Il faut s'en désabuser, elle en a besoin moins que les autres ; la raison en est simple : plus une terre est sèche, plus il faut la travailler ; c'est la culture qui améliore les terres ; il faut donc la cultiver sans cesse.

Il est reconnu que le sainfoin est une plante qui améliore beaucoup la qualité des terres ; il est donc à propos, après la cinquième année d'une culture alternative, de laisser toute en sainfoin la pièce de terre qui a produit pendant ce laps de temps.

Les assolemens que j'ai adoptés et que je conseille aux cultivateurs, ont l'avantage de fournir beaucoup de fourrage, de subvenir à la nourriture de beaucoup de bestiaux, et d'obtenir par cela même beaucoup de fumier, qui sert à fumer les prairies artificielles deux fois pendant mes cinq années.

Je recommande aussi la pomme-de-terre, qui convient à tous les assolemens possibles ; elle dispose très bien les terres à recevoir des graminées quelconques, mais l'on devra fumer le terrain soit en le labourant, soit en plantant les pommes-de-terre ; cette dépense ne sera jamais perdue.

DES LABOURS, DES CHARRUES, ET DE LEUR ATTELAGE.

Des Labours.

La chose la plus essentielle dans les labours, est de savoir choisir le temps et la saison qui conviennent à la nature de chaque terrain. Telle terre veut être travaillée par un temps humide, telle autre par un temps sec; celle-ci demande à être défoncée à une grande profondeur; celle-là, si le fer de la charrue pénétrait trop avant, en souffrirait beaucoup, parce que le tuf en serait atteint et amené à la superficie du sol, ce qui rendrait le terrain stérile. Un laboureur expérimenté doit donc savoir distinguer le temps propre à labourer les diverses pièces de terre de son domaine, et le genre de labours qui leur convient. Deux bons labours faits à propos valent mieux que beaucoup faits en temps et saison défavorables : il vaut mieux laisser reposer la terre que de faire de mauvais labours ; elle se ressent trop long-temps du mal que cela lui fait.

La forme des labours dépend de la qualité du fonds ; les terres où l'on trouve à quelques pieds de profondeur un lit de glaise, d'argile, ou autre terre qui conserve l'eau, doivent être labourées en sillons élevés, parce que ces sortes de sillons facilitent l'égouttement des eaux, et remédient ainsi à la trop grande humidité des terres.

Les terres spongieuses, qui boivent facilement l'eau, doivent au contraire être labourées en larges planches, ou tout-à-fait à plat ; sur une colline, au lieu de labourer de haut en bas, il faut labourer de travers.

La direction des sillons n'est pas indifférente ; il faut les aligner toujours du septentrion au midi, et non de l'orient à l'occident ; ceux qui se trouvent dans cette dernière disposition ne présentent en hiver qu'un côté au soleil ; ce côté, exposé ainsi, gèle chaque nuit et dégèle chaque jour ; inconvénient qui fait périr le blé exposé au midi, et diminue la récolte de près de moitié.

Le but des labours est de diviser la terre en très petites parties, afin de pouvoir y faire pénétrer facilement l'eau, les rosées, la chaleur du soleil, l'air, enfin tous les agens nécessaires à la végétation. Pour bien briser les grosses mottes de terre, en diviser toutes les molécules, on fera passer la herse et le rouleau après chaque labour.

Les labours ont aussi l'avantage de détruire les mauvaises herbes qui nuisent particulièrement aux blés.

Des Charrues.

La forme des charrues doit dépendre du terrain que l'on a à travailler.

Dans une terre pierreuse on ne pourrait employer une charrue à large soc; il lui en faut une à un soc appelé *langue de bœuf*. Dans les terres fortes qu'il faut labourer à plat ou en planches, il faut employer les charrues à versoir et à tourne-oreille. Dans une exploitation bien montée, il est nécessaire d'avoir autant de charrues que l'on a de qualités différentes de terre.

Il existe encore une espèce de charrue, que l'on a nommée *Râteau-Charrue*; elle est employée pour défricher les prairies artificielles, ou autres terres incultes; elle est armée de six couteaux qui coupent le gazon en très petites parties.

Attelage des Charrues.

L'emploi des chevaux ou des bœufs pour les labours, dépend le plus souvent de l'espèce qui est la plus commune dans le pays où l'on est. Si un cultivateur voulait consulter son intérêt, nul doute qu'il n'employât les bœufs : leur avantage pour ces travaux est généralement reconnu. Le bœuf est moins expéditif que le cheval, mais son labour est plus uniforme, il tire sans secousse, suit sont sillon pas à pas, et permet de conduire la charrue au gré du laboureur. Dans les terrains durs et pierreux, le bœuf n'est point rebuté par les difficultés qu'il rencontre; sa marche est toujours égale; doué d'une force et d'une patience que n'a point le cheval, on peut entreprendre et terminer avec lui les travaux les plus pénibles, qu'on ne pourrait tenter avec le cheval.

Le prix d'acquisition et celui de l'entretien et nourriture d'un bon cheval de labour est le double de celui d'un bœuf; ce dernier mange comme les vaches, de l'herbe fraîche, des pommes-de-terre, des turneps, et généralement toute espèce de légumes. Au cheval il faut du foin et de la luzerne de premières coupes. Si un fermier calculait toutes les maladies auxquelles les chevaux sont exposés, le peu d'argent qu'il en retire lorsque, épuisés par la fatigue, il se voit contraint de les vendre, il ne balancerait pas à adopter les bœufs; lorsque ceux ci sont trop âgés ou ruinés par le travail, engraissez-les, et vous en retirerez plus qu'il ne vous ont coûté en les vendant aux bouchers.

USAGE DE LA CHAUX EN AGRICULTURE.

Nous ne croyons pouvoir mieux faire pour donner une juste idée de l'importance de la chaux en agriculture, que de transcrire ici l'extrait d'un *Mémoire de la société d'agriculture de Toulouse*, dans lequel sont cités les effets surprenans de son emploi.

« La chaux est favorable à toutes les espèces de prairie artificielle, plus particulièrement au trèfle. Elle convient aussi fort bien à la culture des lins et des chanvres; on s'en sert beaucoup dans les arrondissemens de Cherbourg et de Valogne, et les terres des environs de Lisieux, qui produisent de si beaux lins, sont engraissées avec de la marne, qui n'est

autre chose qu'une chaux combinée avec du sable
ou de l'argile. — La chaux convient encore, comme
engrais, dans les jardins. Plusieurs légumes pré-
cieux, tels que les artichauts et les asperges, ac-
quièrent avec de la chaux beaucoup plus de développement, de saveur et de précocité : à presque toutes les plantes de jardinage, même aux
fleurs, la chaux convient à merveille. Mais c'est
particulièrement sur les arbres, surtout aux arbres
fruitiers, que ce puissant agent de la végétation
produit des effets prodigieux. — Engraissez avec de
la chaux un arbre languissant, rachitique, bientôt
vous le verrez se rafraîchir, prendre une nouvelle
vie, faire des pousses extraordinaires, et peu à peu
se couvrir de fleurs et de fruits. Le hasard m'a
fourni deux exemples frappans : j'avais planté sur
ma terre de Chaulieu une allée de poiriers et une
avenue de chênes, l'une et l'autre dans un terrain
frais et argileux ; quelques années après je fis du
blé dans les champs attenans à mes allées ; j'engrais-
sai mon blé en chaux, et les tombes de chaux se
trouvèrent placées au pied de quelques-uns des poiriers et des chênes. Les tombes restèrent sans être
étendues environ six mois ; depuis lors, les arbres
qui se trouvèrent engraissés par la chaux ont ac-
quis, surtout les poiriers, une croissance double et
triple en grosseur et en élévation ; ils sont plus frais,
et se chargent de fruits presque tous les ans, même
quand les autres n'en produisent pas. Il y a quinze
ans environ que cela a eu lieu, et aujourd'hui encore
ces mêmes arbres ont conservé sur leurs voisins une
supériorité sensible à tel point qu'elle détruit la
symétrie de mon avenue.....

» Personne n'ignore que les maîtres les plus expé-
rimentés en fait d'agriculture, ont toujours recom-
mandé de soumettre les grains, avant de les semer,
à une espèce de préparation qu'on nomme chaulage,
parce que la chaux en est la base. Si cet usage n'est

pas généralement suivi , il est bon de chercher à l'introduire : la recette s'en trouve dans tous les ouvrages d'agriculture.

» Un autre emploi, moins connu, que j'ai vu faire et ai fait moi-même de la chaux avec un succès complet. c'est d'enduire, dans les pépinières et dans les jeunes plantations, les arbres qui se couvrent de mousse, dont la peau devient rude, et qui par suite languissent et dépérissent; c'est d'enduire, dis-je, ces jeunes arbres, ou de les peindre d'une eau blanchie avec de la chaux qu'on y a fait dissoudre. En renouvelant plusieurs fois ce procédé facile, très prompt et infiniment peu dispendieux, on est sûr de rendre à ces jeunes arbres toute leur fraîcheur, et de les faire ainsi prospérer. »

CHAULAGE DES BLÉS.

Il faut ramasser les urines des étables, prendre de la chaux-vive que l'on met éteindre dans de l'eau commune ; on ajoute l'urine au jus du fumier, on mêle bien le tout ensemble, et l'on se sert de cette espèce de bouillie pour chauler les blés avant de les semer. Cette opération doit se faire deux jours avant de semer, afin que le blé puisse s'imprégner des sels du chaulage et se sécher.

FIN DE LA PREMIÈRE PARTIE.

GUIDE
DU LABOUREUR.

SECONDE PARTIE.

DE LA NOURRITURE DES BESTIAUX.

Nous avons fait insérer le 1ᵉʳ mars 1827, dans le journal imprimé à Rambouillet (1) l'article suivant, sur la nourriture des bestiaux, que nous avons jugé devoir être de quelque intérêt.

La nourriture la plus saine et la plus profitable aux bestiaux, particulièrement aux vaches laitières, est celle de racines cuites, surtout les pommes-de-terre. Mais comme dans une grande exploitation rurale, il serait difficile et très coûteux de faire cuire chaque jour la quantité suffisante de racines pour nourrir un grand nombre de bestiaux, on a dû rechercher un procédé plus simple et plus économique. Le voici : on fait construire un fourneau en briques au milieu duquel on fixe une chaudière pouvant contenir deux seaux d'eau ; sur la chaudière se place un tonneau défoncé par les deux bouts ;

(1) Il a pour titre *l'Annonciateur*, journal judiciaire, administratif, littéraire, agricole et industriel ; il paraît tous les jeudis, et l'abonnement est de 10 fr. pour un an.

celui du bas doit être garni d'une forte claie, afin d'empêcher les racines de tomber dans la chaudière; les ouvertures qu'il pourrait y avoir entre le bas du tonneau et le fourneau sur lequel il est posé, seront hermétiquement fermées avec de la terre grasse, afin de bien concentrer la vapeur de l'eau en ébullition. Tout étant disposé ainsi; on emplit le tonneau de pommes-de-terre, on recouvre le tout d'un couvercle qui emboîte et ferme exactement, et l'on met le feu au fourneau. L'eau une fois en ébullition, la vapeur qui s'en dégage monte, pénètre dans le tonneau, et cuit en très peu de temps tout ce qu'il contient. Ce procédé, dont la simplicité, la promptitude et l'économie ne laissent rien à désirer, est maintenant en usage dans beaucoup d'exploitations.

Quelques jours après la publication de cet article, un agriculteur très distingué de l'arrondissement a bien voulu nous adresser la lettre suivante, que nous nous faisons un plaisir d'imprimer ici littéralement; les faits et les observations qui y sont détaillés pouvant être de la plus grande utilité aux personnes qui ont des bestiaux.

A M. le Rédacteur de L'ANNONCIATEUR.

***** 7 Mars 1827.

Monsieur,

Le procédé que vous avez publié dans votre numéro du 1er mars, pour faire cuire les pommes-de-terre que l'on destine à la nourriture des bestiaux, est sans contredit le plus simple et le plus économique. L'expérience m'a fourni, relativement à la culture des racines et à leur emploi, des observations qu'il vous paraîtra peut-être utile de faire connaître.

En Angleterre, en Flandre, en Allemagne, depuis long-temps déjà on applique avec succès les différentes racines (pommes-de-terre, navets, betteraves, carottes) à la nourriture et à l'engraissement des bestiaux : cet usage, introduit seulement depuis quelques années dans notre agriculture, semble prendre aujourd'hui une heureuse extension, qui contribuera puissamment à l'accroissement de nos produits en viande, en même temps qu'elle augmentera la masse de nos engrais. L'on se fera une idée de l'immense avantage de la culture des racines, lorsque l'on saura qu'un hectare de terrain, toutes circonstances égales d'ailleurs, cultivé en pommes-de-terre, donne quatre à cinq fois plus de fécule qu'il ne produit de farine lorsqu'il est ensemencé en blé. La culture en grand des racines est aujourd'hui le seul moyen offert au cultivateur pour baisser le prix de la viande et soutenir ainsi la concurrence avec les étrangers, qui, à notre honte, contribuent pour moitié à l'approvisionnement de notre capitale.

J'ai nourri des bêtes à cornes et des bêtes à laine avec les différentes racines dont il vient d'être parlé ; voici ce que j'ai observé : les pommes-de-terre portent davantage à la viande et elles donnent moins de lait ; au moyen des instrumens à cheval, à présent en usage, la culture en est peu dispendieuse ; les betteraves augmentent beaucoup la quantité du lait et portent très peu à la viande ; elles nécessitent plus de frais de culture que les pommes-de-terre ; les navets sont, sous tous les rapports nutritifs, la moins profitable de toutes ces racines, mais c'est aussi la plante dont la culture est la plus facile et exige le moins de dépense ; les carottes enfin tiennent le milieu entre les pommes-de-terre et les betteraves, pour la propension à la viande ; les vaches laitières qui en sont nourries donnent un lait infiniment plus butireux ; ces racines, qui n'ont rien des propriétés débilitantes de

toutes les autres, sont au contraire employées ordi-
nairement avec succès pour rétablir des animaux
faibles et languissans, principalement des chevaux ;
malheureusement les précieuses qualités de la ca-
rotte sont en partie compensées par les inconvé-
niens d'une culture extrêmement difficile et très
dispendieuse ; mais lorsque cette culture a été
bien dirigée et bien soignée, le propriétaire peut
être assuré de se voir dédommagé par l'extrême
abondance de la récolte.

Dans les premiers temps, j'employais les pommes-de-terre cuites, et j'en opérais la cuisson de la
manière, Monsieur, que vous l'indiquez : j'ai d'a-
bord remarqué qu'il était dangereux d'administrer
cet aliment refroidi, du moins pour les moutons,
auxquels dans cet état il cause des météorisations ;
ensuite j'ai reconnu, après avoir nourri comparati-
vement un certain nombre de bêtes avec des pommes-de-terre crues, et un pareil nombre avec des
cuites, que la cuisson enlève à ce tubercule une
partie de ses propriétés nutritives, puisque les animaux qui en mangeaient de cuites ont diminué de
poids, tandis que ceux auxquels je les donnais crues
ont augmenté ; ce qui d'ailleurs est d'acord avec ce
principe reconnu, qu'en général les substances
portent moins de nourriture après la cuisson que
dans leur état de crudité. Cependant il serait possible que, sous le rapport de la salubrité, les pommes-de-terre valussent mieux cuites ; et quoique je
n'aie jamais vu la santé des moutons que j'ai soumis
à cette nourriture, s'altérer, toujours est-il que des
substances qui renferment proportionnément autant
de parties aqueuses que les pommes-de-terre, les
navets et les betteraves, ont une certaine tendance
à la décomposition du sang, principalement dans
les bêtes à laine dont le tempérament est mou et
pituiteux ; il est certain toutefois que la pomme-de-
terre, qui contient 70 p. °⁄₀ d'eau, ne perd rien

pour ainsi dire de ses parties aqueuses par la cuisson, puisqu'elle pèse à-peu-près le même poids étant
cuite, même à la vapeur; mais, si la cuisson ne
diminue rien ou presque rien de cette surabondance
d'eau de végétation, elle doit du moins tempérer
beaucoup les mauvais effets qu'elle est peut-être
susceptible de produire dans son état de crudité.

Je pense en définitive que l'on peut se dispenser
de faire cuire les pommes-de-terre et les autres racines pour en nourrir les bestiaux, et qu'il suffit
pour les leur faire manger, de les couper au moyen
du coupe-racines; celui à rotation est le meilleur et
le plus expéditif dont on puisse se servir; dans tous
les cas, ces alimens doivent être administrés avec
de certaines précautions : il ne faut en donner que
très peu d'abord aux animaux qui ne sont pas habi-
tués à cette nourriture, et ne les amener que pro-
gressivement à manger la plus forte quantité qu'il
convienne de leur administrer, et qui ne doit jamais
excéder 2 à 3 livres pour un mouton, et 10 à 12
livres pour une vache, tant que l'on n'a pas l'inten-
tion de les pousser à l'engrais. Il ne faudrait pas
mettre tout-à-coup des animaux à la nourriture des
racines, on leur donnerait des indigestions et des
diarrhées; il y aurait aussi du danger à les en
nourrir exclusivement, et l'on doit autant que possible donner de préférence ces alimens, qui sont
essentiellement rafraîchissans, par un temps sec,
ou lorsque les animaux ne sortent pas, et qu'ils re-
çoivent au-dedans une nourriture saine et substan-
tielle. J'ai engraissé des moutons de la manière la
plus rapide et la plus complète avec des pommes-
de-terre et des jarosses (1), que dans les derniers
temps je leur donnais à discrétion.

Il ne sera peut-être pas inutile aux éleveurs de

____

(1) Sorte de pois cornus.

bestiaux de faire remarquer ici , à l'avantage des
racines , qu'en général moins les alimens contien-
nent de parties nutritives par rapport à leur volume,
plus ils contribuent, dans les jeunes animaux, au
développement des grosses formes et d'une taille
élevée.

DES BÊTES À LAINE.

Dans presque toutes nos provinces, on a la pernicieuse méthode de clore si hermétiquement les ber-
geries pendant l'hiver, qu'on ne peut y entrer sans
être suffoqué ; la chaleur du fumier, la sueur des
animaux , exhalent une odeur détestable et pernicieuse à leur santé. Le moyen de s'étonner des maladies qui les atteignent et enlèvent les trois quarts des
troupeaux qui sont ainsi privés d'air. Eh bien , de
nos jours il en est encore ainsi : la fatale routine
aveugle encore à tel point qu'elle ne peut laisser
prévaloir des principes consacrés par la raison la plus
éclairée !

Si vous voulez conserver vos troupeaux en bonne
santé, logez-les dans des étables bien aérées ; ayez
un berger vigilant, entendu dans leur conduite , qui
sache leur choisir un bon pâturage, éviter les terrains humides , les herbes chargées de rosées , de
gelées blanches ; qui ne les fasse sortir ni pendant
l'orage , les pluies ou les brouillards : la beauté d'un
troupeau dépend des soins qu'on lui donne.

Je ne me permettrai aucun détail sur les remèdes
à employer dans les maladies qui peuvent les attein-
dre ; le plus court est d'appeler un homme de l'art :
je me bornerai à recommander , comme préservatif
de beaucoup de maladies , l'emploi du sel principalement au printemps , où l'herbe est très aqueuse ;
on leur en donne une once par tête. Non-seulement
il est bon aux bêtes à laine , mais généralement à
tous les bestiaux.

DES CHÈVRES.

Les troupeaux de chèvres coûtent peu à nourrir, et rapportent beaucoup ; une nourriture verte ou sèche leur est bonne ; elles aiment beaucoup les feuillées : ce sont des branches d'orme, de châtaignier, de frêne, de mûrier, coupées en septembre, que l'on fait sécher et manger l'hiver aux chèvres et aux brebis, qui en sont friandes. Une erreur trop commune, est celle de croire que les chèvres peuvent se passer de boire ; au contraire, il ne faut pas manquer de leur en donner soir et matin. La rosée, qui est pernicieuse aux bêtes à laine, est salutaire aux chèvres ; on peut les mener paître de grand matin.

Pour le temps de l'accouplement, un bouc peut suffire à cent cinquante chèvres ; mais il faut le bien nourrir, et lui donner de l'avoine.

Lorsqu'on veut engraisser des chevreaux, on doit les châtrer à six mois ; ils deviennent alors plus forts, leur chair est de meilleur goût et plus délicate.

Le sainfoin donne beaucoup de lait aux chèvres. Si vous voulez en tirer bon profit, donnez-leur en abondamment.

DES POULES.

Assez généralement on a peu de soin d'un poulailler. Pourvu que les volailles aient un abri, n'importe dans quel endroit, il semble que cela doit suffire. On se trompe beaucoup : il faut tenir un poulailler très proprement, nettoyer souvent les paniers où elles pondent et leurs juchoirs, avoir soin de leur donner deux fois par jour, et aux mêmes heures, leurs repas, et tenir toujours leur eau claire, dans l'été surtout.

Quelque propreté que l'on apporte dans la tenue d'un poulailler, il arrive presque toujours qu'en été les *poux de poules* s'introduisent dans les trous des juchoirs, et, la nuit, se glissent sur les poules; ce qui les tourmente tellement qu'elles s'abstiennent de manger pour s'éplucher.

Dès que l'on s'aperçoit que les poules sont incommodées de cette vermine, il faut, après avoir bien nettoyé le poulailler, et bouché toutes ses ouvertures, y brûler de la sauge *verte*. Ce moyen est le plus certain pour les détruire.

Pour élever des poulets, il ne faut donner à couver qu'aux poules les moins farouches; quand les poussins sont nés, il faut les tenir chaudement, les garantir des pluies froides et des averses. Il n'est pas nécessaire d'indiquer ici leur nourriture, tout le monde sait ce qui leur convient.

En parlant des poules, nous devons détruire ici l'idée qu'ont encore beaucoup d'habitans des campagnes, que les coqs pondent. Grâce aux observations faites sur ces sortes d'œufs par le savant Lapéronie, on est maintenant convaincu qu'ils sont pondus par des poules et non par des coqs.

Nous allons extraire d'un ouvrage très utile, intitulé *Manuel des habitans de la campagne*, le passage qui suit, dans lequel sont cités des faits incontestables.

« Un fermier apporta un jour au savant Lapéronie des œufs qu'il assurait avoir été pondus par son coq. D'après l'examen de ces œufs sans jaune, Lapéronie conçut l'idée d'examiner si le coq auquel on les attribuait n'était pas hermaphrodite. Ses entrailles furent ouvertes, examinées, et on ne lui trouva que les caractères d'un mâle, et nulle trompe ni ovaire. Ce qui prouvait incontestablement qu'il était incapable de pondre par défaut d'organes.

» Le prétendu pondeur ayant été tué, le fermier trouva de nouveaux œufs semblables aux premiers, et il découvrit enfin qu'ils étaient pondus par une poule. « Ce fut dans les entrailles de cette poule que

» Lapéronie découvrit la source de ce phénomène
» singulier, qui avait tant induit en erreur, erreur
» qui subsiste malheureusement encore dans beau-
» coup de villages. L'inspection lui apprit que l'or-
» ganisation altérée de la poule était telle que les
» membranes très menues de l'œuf, qui n'avait que
» très peu de blanc et point de coque, se crevaient
» dans le passage, que le jaune s'échappait, et que
» la poule pondait de petits œufs sans jaune. »

« L'on voit quelquefois des poules qui pondent
des œufs sans jaune, lorsque, dans des efforts ou par
quelqu'autre cause, le jaune se crève au passage.
Mais la cause n'étant qu'accidentelle, cela n'empê-
che pas la même poule d'en pondre de bien condi-
tionnés. C'est ce qu'il faudrait apprendre aux habitans de la campagne, qui regardent avec effroi et
comme un pronostic alarmant, des œufs de cette
nature. »

PRÉSERVATIF CONTRE L'INCENDIE.

Nous allons rapporter ici ce que Sonnini indique
dans le *Journal Physico-Économique*, pour préserver de l'incendie les chaumières. « Personne
n'ignore, dit-il, de quel usage est le chaume dans
les bâtimens rustiques ; mais l'on sait aussi que cette
manière, très susceptible d'être enflammée par la
plus légère étincelle, occasionne souvent les plus
terribles incendies ; avec quel plaisir n'apprendra-
t-on pas que des plantes très communes offrent un
moyen sûr d'empêcher ces fâcheux accidens, en
rendant en même temps des toitures en chaume
infiniment plus durables. Une mousse, la *fontinale
incombustible*, plante qui croît abondamment dans
les étangs, les fontaines, sur les pierres des tor-
rens, etc., préservera le chaume des atteintes du
feu, de quelque manière qu'il y soit apporté; il
suffit de l'étendre en couches de deux pouces d'é-
paisseur.

» Une autre espèce de mousse qui se trouve en grande quantité sur les arbres, étant étendue sur le chaume, donne le même résultat, et lui procure une durée de plus de cinquante ans, au lieu de quinze à vingt, durée ordinaire de ces sortes de toitures.

» Sans être précisément incombustible, ajoute Sonnini, cette plante brûle très difficilement. Les Lapons s'en servent pour garantir les parois de leur cheminée en bois, afin de les empêcher de prendre feu. Il n'y a pas de doute qu'une couche de *fontinale incombustible* ne puisse préserver les toitures de chaume des incendies que des étincelles ou flammèches qui y tomberaient ne manqueraient pas d'y occasionner. »

Nous croyons rendre un grand service aux villageois, en leur indiquant un moyen qui peut les préserver de ce fléau destructeur.

MOYEN DE RÉTABLIR LES VINS TOURNÉS.

Les vins sont sujets à une décomposition à laquelle les cultivateurs donnent le nom de *tournure* quand elle est encore peu avancée. Leur matière colorante devient violette ou presque noire; le vin prend alors une saveur et une odeur désagréables, et cesse d'être transparent; l'écume qu'il forme quand on l'agite n'est plus rouge. L'analyse démontre qu'il s'est formé du sous-carbonate de potasse aux dépens de la crême de tartre et de la matière colorante contenues naturellement dans le vin. Si l'on vient à ajouter un peu d'acide tartrique à ce liquide décomposé, sur-le-champ l'acide s'empare de la potasse, il se dégage de l'acide carbonique, il se dépose de la crême de tartre au fond du vase, et le vin reprend sa saveur et son odeur naturelles. L'expérience faite sur plusieurs centaines d'hectolitres de vin tourné, a démontré qu'il fallait une demi-once d'acide tartrique pour chaque hectolitre de vin, quantité que l'on doit un peu augmenter quand la décomposition est un peu avancée. Ce moyen ne convient, au reste, qu'à des vins tournés depuis moins d'un an.

MOYEN EFFICACE POUR DÉTRUIRE LES CHENILLES.

Ce moyen consiste à planter dans le voisinage des arbres à fruits quelques arbrisseaux du *prunus padus* de Linnée. Les papillons et les chenilles se jettent sur ces arbrisseaux, y font leurs coques, et périssent.

GUÉRISON DE LA GALE DES MOUTONS.

Ce procédé découvert depuis quelques années, consiste à placer le mouton galeux dans une espèce de chemise en toile cirée, de manière qu'il n'ait que la tête exposée à l'air libre. Ayez une espèce de caisse en bois, de la longueur du corps de l'animal; cette caisse, percée de plusieurs petits trous, sera mise sens dessus-dessous pour servir de piédestal au mouton, et l'on peut y pratiquer une espèce de galerie, afin que le mouton ne puisse bouger d'un côté ni de l'autre. Tout étant bien disposé (la chemise doit envelopper non-seulement le mouton, mais encore la caisse jusque près de terre), introduisez sous la caisse un réchaud avec du feu, pour y faire brûler du soufre. Ce soufre volatilisé par la chaleur, se porte uniformément sur tout le corps de l'animal, qui se trouve dans ce bain de vapeur; il pénètre tous les pores de la peau, et détruit la cause de la gale. Deux ou trois de ces fumigations sulfureuses suffisent pour guérir un mouton galeux. Il faut le laisser dans l'appareil une heure chaque fois.

Une demi-douzaine de ces appareils suffisent pour traiter soixante-douze moutons par jour.

DE L'IMPRIMERIE DE E. CHAIGNET, A RAMBOUILLET.

www.ingramcontent.com/pod-product-compliance
Ingram Content Group UK Ltd.
Pitfield, Milton Keynes, MK11 3LW, UK
UKHW022244070726
13613UKWH00005B/2097